**Bibliografische Information der Deutschen Nationalbibliothek:**

Die Deutsche Bibliothek verzeichnet diese Publikation in der Deutschen National-bibliografie; detaillierte bibliografische Daten sind im Internet über http://dnb.d-nb.de/ abrufbar.

**Impressum:**

Copyright © 1998 GRIN Verlag, Open Publishing GmbH
Druck und Bindung: Books on Demand GmbH, Norderstedt Germany
ISBN: 9783638826617

**Dieses Buch bei GRIN:**

http://www.grin.com/de/e-book/6464/biotoptypenkartierung

Stefan Gärtner

# Biotoptypenkartierung

GRIN Verlag

**GRIN - Your knowledge has value**

Der GRIN Verlag publiziert seit 1998 wissenschaftliche Arbeiten von Studenten, Hochschullehrern und anderen Akademikern als eBook und gedrucktes Buch. Die Verlagswebsite www.grin.com ist die ideale Plattform zur Veröffentlichung von Hausarbeiten, Abschlussarbeiten, wissenschaftlichen Aufsätzen, Dissertationen und Fachbüchern.

**Besuchen Sie uns im Internet:**

http://www.grin.com/

http://www.facebook.com/grincom

http://www.twitter.com/grin_com

# Biotoptypenkartierung

## von

## Stefan Gärtner

Universität zu Köln

Geographisches Institut

# Biotoptypenkartierung

Oberseminar:

Landschaftserfassung-Landschaftsbewertung-Landschaftspräsentation

Referent:

Stefan Gärtner

# Inhalt

# Einleitung

Die fortschreitende technisch-industrielle Entwicklung und die damit verbundenen Eingriffe in den Naturhaushalt sowie eine Vielzahl anderer Belastungen haben zu erheblichen Veränderungen der natürlichen Lebensgrundlagen geführt. Nur wenige Prozent der Gesamtfläche der Bundesrepublik Deutschland bestehen heute noch aus natürlichen oder naturnahen Biotopen.

Die Bedrohung von Pflanzen- und Tierarten und ihrer Lebensräume sowie eine wachsende Belastung der natürlichen Ressourcen wie Boden, Wasser und Luft werden zunehmend deutlicher. Biotopverluste und der immer stärkere Verinselungseffekt der verbleibenden Biotopreste erschweren einen genetischen Austausch von Tier- und Pflanzenarten. Die Sicherung und Wiederherstellung von natürlichen und/oder naturnahen Lebensgrundlagen und eines funktionsfähigen Naturhaushaltes sind daher besonders wichtig.

Voraussetzung für die Erhaltung und Pflege eines intakten Landschaftshaushaltes ist unter anderem die genaue Kenntnis des Vorkommens und des Zustandes natürlicher Biotope. Die Biotoptypenkartierung kann einen Beitrag zur Erlangung dieser Kenntnisse leisten.

In der Bundesrepublik Deutschland existieren zahlreiche Verfahren von Biotoptypenkartierungen. Diese Verfahren versuchen die unterschiedlichen Qualitäten, Strukturen, Funktionen, Regelmechanismen und Zielsysteme der Ökosysteme in drei bedeutsamen Flächennutzungsarten gerecht zu werden. Man unterscheidet nach räumlichen Schwerpunkten in:

1. BIOTOPKARTIERUNG MIT SCHWERPUNKT IN ÖKOSYSTEMEN DER AGRARLANDSCHAFT (SYNONYM: BIOTOPKARTIERUNG IN DER FREIEN LANDSCHAFT),

2. STADTBIOTOPKARTIERUNG MIT SCHWERPUNKT IN BESIEDELTEN, INDUSTRIALISIERTEN ÖKOSYSTEMEN (SYNONYM: BIOTOPKARTIERUNG IM BESIEDELTEN RAUM) UND

3. WALDBIOTOPKARTIERUNG MIT SCHWERPUNKT IN DEN ÖKOSYSTEMEN DES WALDBEREICHES.
Auf letztere wird in dieser Arbeit eingegangen.

# 1. Definitionen, Zielsetzungen und Problematiken

## 1.1. Definitionen

Ein *Biotop* ist der Lebensraum einer Biozönose von einheitlicher, gegenüber seiner Umgebung mehr oder weniger scharf abgrenzbarer Beschaffenheit, z.b. Hochmoor, Teich oder Fluß.

Die *Biotopkartierung* bezeichnet die Erfassung und Beschreibung von Lebensräumen, die entweder vorwiegend unter den Aspekten der Seltenheit und Gefährdung ausgewählt (selektive Biotopkartierung) oder, z.T. unter Einbeziehung weiterer Kriterien, flächendeckend Kartiert werden. Biotopkartierung kann sich auf Landschaftsräume erstrecken oder auf einzelne Landnutzungsformen beschränken. Neben der Zustandserfassung können auch eine Bewertung der Biotope durchgeführt sowie Empfehlungen zu deren Pflege und Entwicklung gegeben werden.

Wird die Biotoptypenkartierung auf ein Waldgebiet angewendet, so spricht man von *Waldbiotopkartierung*. Zwei Vorgehensweisen sind bei der Waldbiotopkartierung möglich: Die flächendeckende und die selektive Kartierung.

Die *flächendeckende Waldbiotopkartierung* begutachtet die gesamte Waldfläche eines betrachteten Raumes. Alle Flächen werden kartographisch und textlich beschrieben, unabhängig davon wie die jeweilige Biotopbewertung ausfällt. Damit man einen Überblick der Biotopausstattung aller Wälder eines Gebietes erhält, werden sämtliche Einzelflächen hinsichtlich ihrer „Naturnähe" und „Vielfalt" sowie gegebenenfalls unter den Aspekten „Seltenheit" und „Gefährdung" beurteilt.

Die *selektive Waldbiotopkartierung* begutachtet ebenfalls die gesamte Waldfläche eines betrachteten Raumes; es werden aber nur solche Biotope kartographisch und textlich dargestellt, die als selten und damit schutzwürdig gelten. Die Bezeichnung „selektiv" bezieht sich auf die Auswahl der dargestellten und beschriebenen Bereiche.

(ARBEITSKREIS FORSTLICHE LANDESPFLEGE 1996)

## 1.2. Zielsetzungen

In Nordrhein-Westfalen wird die Zielsetzung der Biotopkartierung aus den gleichlautenden §§1 (1) des Bundesnaturschutzgesetzes und des Landschaftsgesetzes abgeleitet. Darin heißt es:

„Natur und Landschaft sind im besiedelten und unbesiedelten Bereich so zu schützen, zu pflegen und zu entwickeln, daß

1. DIE LEISTUNGSFÄHIGKEIT DES NATURHAUSHALTES,

2. DIE NUTZUNGSFÄHIGKEIT DER NATURGÜTER,

3. DIE PFLANZEN- UND TIERWELT SOWIE

4. DIE VIELFALT, EIGENART UND SCHÖNHEIT VON NATUR UND LANDSCHAFT

ALS LEBENSGRUNDLAGEN DES MENSCHEN UND ALS VORAUSSETZUNG FÜR SEINE ERHOLUNG IN NATUR UND LANDSCHAFT NACHHALTIG GESICHERT SIND".

Um diese Ziele zu erreichen, d.h. einen wirkungsvollen und nachhaltigen Flächenschutz garantieren, ist es von besonderer Bedeutung ein System von Schutzgebieten aufzubauen. Die Natur schützen, darf sich nicht nur auf einzelne und wenige Naturschutzgebiete beschränken, sondern muß den Gesamtraum erfassen. (LÖLF 1982)

Daraus kann man als Ziel einer Waldbiotopkartierung die naturraumbezogene Erfassung und Beurteilung des ökologischen Zustandes und des Naturschutzwertes von Biotopen in Waldgebieten ableiten, um damit die Grundlage für eine Abstimmung zwischen der Biotop- und Artenschutzfunktion der Wälder und den vielfältigen Zielen einer nachhaltigen Forstwirtschaft zu schaffen.

Somit verfolgt die Waldbiotopkartierung mehrere Ziele, die je nach Situation und Örtlichkeit unterschiedliche Bedeutung haben sollen. Die Waldbiotopkartierung sollte nach Ansicht der Arbeitsgemeinschaft Forsteinrichtung und des Arbeitskreis Forstliche Landespflege

- Grundlage für die Abwägung von Maßnahmen in der Forstplanung und im Forstbetrieb sein,

- anderen Planungsträgern eine Übersicht über die Bedeutung des Waldes für den Biotop- und Artenschutz verschaffen,

- die Umsetzung des gesetzlich geforderten Schutzes von Biotopen auf fachlicher Grundlage vorbereiten,

- Daten und Informationen für die Waldfunktionenkartierung und die Forstliche Rahmenplanung bereitstellen,

- als Entscheidungshilfe im Waldumwandlungsverfahren die Forstbehörden bei der Aufgabe der Walderhaltung unterstützen,

- Grundlage für Biotop- und Artenschutzkonzepte darstellen,

- Hinweise auf eventuell erforderliche Schutz- und Pflegemaßnahmen enthalten,

- Hinweise zur Auswahl und Ergänzung der Naturwaldzellen/-reservate und entsprechender Programme geben,

- bei entsprechendem gesetzlichen Auftrag der Rechtssicherheit für den Bürger dienen,

- im Rahmen der forstlichen Öffentlichkeitsarbeit eingesetzt werden können. (AFL 1996)

## 1.3. Problematiken

Es existieren zahlreiche Begriffe die im Zusammenhang mit der Erfassung von Biotopen bzw. Biotoptypen stehen. Die Verwendung der Begriffe Biotopkartierung, Biotoptypenkartierung, flächendeckende Biotoptypenkartierung oder Realnutzungskartierung nach Biotopen bezeichnen mitunter verschiedene Sachverhalte oder es finden Überschneidungen statt die bis zur synonymen Verwendung reichen können. Gerade die Begriffe Biotopkartierung und Biotoptypenkartierung werden in ihrer Verwendung nicht ausreichend getrennt. Z.B. wird in Bayern die selektive Kartierung als Biotopkartierung bezeichnet, in Niedersachsen (Niedersächsisches Landesamt - Fachbehörde für Naturschutz) die flächendeckende Kartierung. Eine bundesweite Begriffsdefinition, die für alle Bundesländer verbindlich ist, könnte hier Abhilfe schaffen. (KNICKREHM/ROMMEL 1994)

Die in dieser Arbeit vorgestellte flächendeckende- und selektive Waldbiotoptypenkartierung ist daher als idealtypische Beschreibung anzusehen, da in der Praxis zahlreiche Varianten zur Anwendung kommen.

Die in der Bundesrepublik Deutschland verwendeten Verfahren von Biotoptypenkartierungen sind als Übersichtskartierungen mit einem relativ geringem Detaillierungsgrad anzusehen. Sie ermöglichen einen Überblick über Zustand und Entwicklung des Biotoppotentials. Diese Übersichtskartierungen verlieren jedoch an Wert, wenn die Ergebnisse von räumlich benachbarten Kartierungen oder von Kartierungen auf unterschiedlichen Ebenen nicht miteinander vergleichbar sind. Auch hier könnte ein bundesweites einheitliches Grundkonzept aufgestellt werden, um somit eine Vergleichbarkeit der Ergebnisse zu gewährleisten. (WALDENSPUHL 1991)

Die Entscheidungen, die im Rahmen einer Biotoptypenkartierung getroffen werden sind subjektiv, da sie vor einem persönlichen Erfahrungs- und Werthintergrund vollzogen werden. Die Subjektivität im Rahmen eines wissenschaftlichen oder planerischen Prozesses läßt sich also nicht ausschalten. Man kann aber erreichen, daß die Vorgehensweise eines Prozesses nachvollziehbar wird und damit die Ergebnisse überprüfbar werden. Diese Nachprüfbarkeit kann durch Logik, eine vorher festgelegte Systematik und eine gewisse Kenntnis der Methode des überprüfenden Subjektes gewährleistet werden. (KNICKREHM/ROMMEL 1994)

## 2. Arbeitsgrundlagen der selektiven und flächendeckenden Waldbiotoptypenkartierung

Das vielfältige Beziehungsgefüge diverser Einflußgrößen wie z.b. Relief, Regionalklima, Böden, Wasserhaushalt usw. beeinflußt die Ausbildung einer Lebensgemeinschaft eines bestimmten Raumes. Vorliegende Ergebnisse, z.b. Vegetationskartierungen, faunistische und floristische Erhebungen, Artenschutzprogramme, Rote Liste, forstliche Raumgliederungen und Standortkartierungen, Wirtschaftskarten, Luftbilder usw., können als Arbeitsgrundlage für eine Waldbiotoptypenkartierung wichtige Hinweise und Ergebnisse liefern, z.B. zum Auffinden wertvoller Biotope. Dieser vorausgehenden Informationsbeschaffung und - auswertung, die sowohl bei der selektiven als auch bei der flächendeckenden Waldbiotoptypenkartierung notwendig ist, folgt dann bei beiden Verfahren die eigentliche Kartierung im Wald mit der Erfassung der Daten auf Erhebungsbögen und Darstellung der bearbeiteten Flächen auf Arbeitskarten. (AFL 1996)

## 3. Grundzüge des Verfahrens der selektiven Waldbiotoptypenkartierung

### 3.1. Einleitung

Die selektive Waldbiotoptypenkartierung dient der Erfassung der „schutzwürdigen Biotope" bzw. der „für den Naturschutz wertvollen Bereiche". Sie ist somit ein Entscheidungsinstrument für Schutzgebietsausweisungen und die Entwicklung von Schutzgebietssystemen.
(VOLK/HAAS 1990)

## 3.2. Aufnahmeeinheiten der selektiven Waldbiotoptypenkartierung

Die selektive Waldbiotoptypenkartierung erfaßt unter anderem die in Anhang 2 dargestellten als schutzwürdig geltenden Biotoptypen (nach Bundes- und Landesnaturschutzgesetzen). Diese Biotoptypen sind in den jeweiligen Kartieranleitungen, Bundes- und Landesnaturschutzgesetzen der in den Bundesländern verwendeten Verfahren vorgegeben und werden dort exakt beschrieben. Es werden darüber hinaus auch Biotope aufgenommen die aufgrund besonderer Eigenschaften als selten oder gefährdet gelten, auch wenn sie nicht gesetzlich für schutzwürdig befunden werden.

Vornehmlich kartiert werden die folgenden Waldbiotoptypen:

- in der Ausprägung der seltenen naturnahen Waldgesellschaften,

- in der Bestockungsform historischer Waldbewirtschaftung,

- als Waldbestände mit vielfältigem Bestandsaufbau, Kleinstrukturen, Habitatkomplexen, bzw.

- mit gehäuften Vorkommen seltener und gefährdeter Arten,

- gut ausgebildete Waldränder und Sukzessionsstadien. (AFL 1996)

Die aufzusuchenden seltenen Biotoptypen müssen durch spezielle Biotoptypenschlüssel und Kartieranweisungen klar und detailliert beschrieben sein.

Bei der Definition der seltenen Biotoptypen spielen Tierökologische Faktoren nur eine untergeordnete Rolle. Es werden nur seltene Tierartengruppen berücksichtigt die gehäuft vorkommen (z.B. Brutbereich des Mittelspechts).


## 3.3. Kriterien der selektiven Waldbiotoptypenkartierung

Die Hauptkriterien für die Auswahl der Biotoptypen sind Seltenheit, Bestandesgefährdung und ggf. Biotopausstattung. Die Kriterien Seltenheit und Gefährdungsgrad werden raumbezogen, d.h. für ein Bundesland oder einen Naturraum, festgelegt.

Die Seltenheit eines Biotoptypes kann schon immer gegeben oder erst zivilisationsbedingt entstanden sein. Es bedarf der Erhaltung seltener Biotoptypen, da ansonsten die Gefahr einer weiteren Verringerung dieser Lebensgemeinschaften bis hin zum Verlust besteht.

Die Beurteilung der Bestandesgefährdung bedingt die Berücksichtigung der Empfindlichkeit und Regenerierbarkeit eines Biotoptyps. Biotoptypen zeigen zum Beispiel eine

Empfindlichkeitsreaktion (Toleranz gegenüber Belastungen) unter menschlichen Einwirkungen (Schadstoffeintrag).

Als eine weitere Kartierschwelle kann die Biotopausstattung hinzugezogen werden.

(AFL 1996)

### 3.4. Abgrenzung und Erfassung seltener und gefährdeter Biotope

Um die Nachvollziehbarkeit, Wiedererkennbarkeit und Auswertung der Kartierergebnisse zu erleichtern, müssen die Biotope in möglichst einheitliche Flächen Abgegrenzt und Erfaßt werden. Der Eintrag eines Biotoptyps in die Waldbiotoptypenkarte wird unter Berücksichtigung der Maßstabsproblematik so vorgenommen, daß sich Orientierungspunkte im Gelände gut auffinden lassen. Des weiteren wird jedes Biotop in einem Biotopbeleg erläutert.

Die Abgrenzung von seltenen Biotoptypen ist unter tierökologischen Aspekten problematisch, da die nach vegetationskundlichen Gesichtspunkten ausgewiesenen Biotope oftmals nicht die Lebensansprüche von Tierpopulationen decken.

### 3.5. Leit-Biotoptypen, Biotopkomplexe

Die in der Praxis aufgenommenen Flächen werden vom Kartierer nur selten einem bestimmten Biotoptypen zuzuordnen sein, da zumeist eine enge Verzahnung und unscharfe Übergänge einzelner Biotope eine klare Abgrenzung erschweren. Aus Gründen der Übersichtlichkeit können solche Flächen mit unterschiedlichen Biotoptypen daher einem übergeordneten Leit-Biotoptyp oder einem Biotopkomplex zugewiesen werden.

Der *Leit-Biotoptyp* beschreibt dabei i.d.R. den vom Flächenanteil her dominierenden seltenen Biotoptyp (z.B. Hainbuchen-Stieleichen-Wald). Läßt sich aber die gesamte Biotopfläche gleichzeitig mehreren Leit-Biotoptypen zuordnen, muß sich der Kartierer für den in einer zuvor festgelegten Reihenfolge erstgenannten entscheiden.

Eine weitere zusammenfassende Kartierungseinheit stellt der *Biotopkomplex* dar. Er besteht aus Flächen unterschiedlichen Biotoptyps, die in einem räumlichen und funktionalen Zusammenhang stehen. Dazwischenliegende nicht kartierwürdige Flächen können bis zu einem festzulegenden Flächenanteil (z.B. 25%) miteinbezogen werden. Biotopkomplexe werden mit einem eigenen Erhebungsbogen beschrieben, erhalten eine separate Numerierung und mit einer eigenen Signatur in der Waldbiotoptypenkarte dargestellt. Typische Landschaftsausschnitte wie z.b. Talraumabfolgen mit Fließgewässern oder Bachauenwälder mit angrenzenden strukturreichen Waldbeständen lassen sich somit genauso Detailliert darstellen wie Einzelbiotope. (AFL 1996)

## 3.6. Biotopbeschreibung

Um die Bedeutung seltener Biotoptypen, Leitbiotoptypen oder Biotopkomplexen für den Naturschutz und die Bewirtschaftung des Waldes zu verdeutlichen, ist neben einer Abgrenzung und Kartendarstellung eine ergänzende Beschreibung dieser Objekte auf Erhebungbögen notwendig. Dabei sollten charakteristische Merkmale und Elemente bei einer automatisierten Datenverarbeitung standardisiert nach Codelisten aufgenommen werden, um sie methodisch auswerten zu können. Aber auch nicht standardisierbare Sachverhalte müssen frei formuliert angegeben und gespeichert werden.

Folgende Merkmale und Elemente könnten z.b. standardisiert erfaßt werden:

- BIOTOPTYP, LEIT-BIOTOPTYP, BIOTOPKOMPLEX
- HABITATE UND STRUKTUREN
- NUTZUNGSARTEN BZW. -FORMEN
- KURZCHARAKTERISIERUNG DER UMGEBUNG
- GEFÄHRDUNG UND BEEINTRÄCHTIGUNGEN
- STANDORTVERHÄLTNISSE
- WERTERHÖHENDE MERKMALE
- VORSCHLÄGE ZUR SICHERUNG UND ENTWICKLUNG

Einzelne Biotope mit ihren individuellen Eigenschaften, können durch standardisierte Merkmale und Elemente vergleichend Betrachtet werden. Dies ermöglicht einen zusammenfassenden Überblick über Landschaftsräume. (AFL 1996)

## 4. Grundzüge des Verfahrens der flächendeckenden Waldbiotoptypenkartierung

### 4.1. Einleitung

Die flächendeckende Waldbiotoptypenkartierung dient der Erfassung des aktuellen Zustandes von Natur und Landschaft. Sie wird im Hinblick auf bestimmte Aufgaben durchgeführt. Die flächendeckende Zuordnung aller Landschaftsbestandteile eines Untersuchungsgebietes in Biotoptypen, ermöglicht die Erfassung von Bereichen die außerhalb des Arten- und Biotopschutzes liegen. Durch die Erarbeitung von Grundlagen für einen nachhaltigen Naturschutz im Wald, gewährleistet die flächendeckende Waldbiotoptypenkartierung eine Nachweis- und Kontrollmöglichkeit für ökologisches Handeln im Rahmen der flächendeckenden Waldbewirtschaftung. (AFL 1996 u. KNICKREHM/ROMMEL 1994)

### 4.2. Aufnahmeeinheiten der flächendeckenden Waldbiotoptypenkartierung

Als Aufnahmeeinheit für eine flächendeckende Waldbiotoptypenkartierung gilt die von der Forstlichen Betriebsplanung abgegrenzte Unter-, Teil-, oder Anteilfläche bzw. der Bestand. Bestand ist die Bezeichnung für ein Waldstück, das aufgrund einer bestimmten Holzartenzusammensetzung und eines typischen Altersaufbau als Einheit angesehen werden kann. Treten in einer von der Forsteinrichtung ausgewiesenen Bestandsfläche jedoch stark unterschiedliche Baumartenzusammensetzungen auf, so kann der Waldbiotoptypenkartierer zusätzliche Aufnahmeeinheiten ausscheiden. (VOLK/HAAS 1990)

### 4.3. Kriterien der flächendeckenden Waldbiotoptypenkartierung

Sämtliche durch die flächendeckende Waldbiotoptypenkartierung erfaßten Flächen, werden hinsichtlich der Kriterien Naturnähe, Vielfalt, Seltenheit und ggf. Gefährdung beurteilt. Eine weitere Unterteilung der Hauptkriterien ist möglich, jedoch unterschiedlich je nach angewandtem Verfahren. Diese Kriterien werden im einzelnen ermittelt, können aber in einer Gesamtbetrachtung den Biotopwert des kartierten Waldes darstellen. (AFL 1996)

### 4.3.1. Naturnähe

Die Naturnähe der Waldbestände wird durch den Vergleich ihrer jetzigen Baumartenzusammensetzung mit der auf dem jeweiligen Standort möglichen naturnächsten Zusammensetzung erhoben. Dieser Vergleich ist nicht einfach, denn es fehlt als Vergleichsobjekt der heute noch vorhandene, vom Menschen unbeeinflußte Urwald. Es müssen also Hilfsmittel herangezogen werden, die diesen Vergleich annäherungsweise ermöglichen. Diese Hilfsmittel sind die für den jeweiligen Standort entsprechende Naturwald- oder Regionalgesellschaft, die potentielle natürliche Vegetation und die Standortgesellschaft. Eine weitere Hilfe bieten die in Leitfäden aufgeführten natürlichen Waldgesellschaften Deutschlands. Auf einer 5teiligen Skala von Stufe 1 (naturfern) bis Stufe 5 (naturnah), wird die Naturnäheeinstufung dargestellt. Siehe hierzu die Karte der Naturnähe mit dem Beispiel Baden-Württemberg in Anhang 3a. (VOLK/HAAS 1990)

### 4.3.2. Vielfalt

Ein weiteres Kriterium zur Ermittlung des Biotopwertes der Wäldern ist die Vielfalt. Unter Vielfalt wird der Arten- und Formenreichtum eines Lebensraumes verstanden. Die Vielfalt von Wäldern läßt sich charakterisieren als Vielfalt der Baumartenzusammensetzung, der Schichtung in einem Waldbestand und als Vielfalt der Bodenvegetation. Es werden also die Artenanzahl, der Deckungsgrad, die stufige Ausdifferenzierung, die Mischungsform und die Artenanteile der Baum-, Strauch- und Bodenvegetation erfaßt. Ermittelt wird die Vielfalt im inneren des Waldbestandes bis hin zum Randbereich, da letzterer sich meistens durch eine größere Artenvielfalt als das innere der Waldbestände auszeichnet.

Auch die Vielfalt wird auf einer 5stufigen Skala ausgedrückt. Stufe 1 entspricht der geringsten Vielfalt und Stufe 5 bezeichnet den höchsten Grad der Vielfalt.

(VOLK/HAAS 1990)

### 4.3.3. Seltenheit

Das Kriterium Seltenheit ermittelt das Vorkommen seltener Arten und Biotope. Die flächendeckende Waldbiotoptypenkartierung kann die dafür erforderlichen Daten selbst erheben oder sie durch eine selektive Waldbiotoptypenkartierung ermitteln lassen um diese Ergebnisse in die flächendeckende Waldbiotoptypenkartierung zu integrieren.

Seltene Arten können unter Zuhilfenahme von Roten Listen erfaßt werden. Die Identifizierung von seltenen und schutzwürdigen Biotopen wurde bereits in Kapitel 3.2. vorgestellt. (VOLK/HAAS 1990)

### 4.3.4. Gefährdung

Die Gefährdung von Lebensräumen und Arten wird über die potentiellen Gefährdungsfaktoren und Gefährdungsverursacher ermittelt. Erkenntnisse über die Gefahrenursache und deren Auswirkungen, ermöglichen wirksame forstliche Gegenmaßnahmen. In der Praxis treten oftmals Gefährdungen auf, denen eine forstliche Gegenmaßnahme nicht begegnen kann. Dazu gehören z.B. Veränderungen und Schäden einer Biozönose durch Grundwasserabsenkung oder Luftverunreinigung. (AFL 1996)

### 4.4. Bewertung

Alle in der Bundesrepublik Deutschland angewendeten Verfahren einer flächendeckenden Waldbiotoptypenkartierung beurteilen die Waldbestände hinsichtlich der Kriterien Naturnähe und Vielfalt. Die Kriterien Seltenheit und Gefährdung werden mit erhoben, sofern sie für bestimmte Waldflächen zutreffen.

Eine Ausnahme bilden die Verfahren in Baden-Württemberg und von Ammer/Utschik (Bayern). Diese Verfahren ermitteln aus den Einzelkriterien Naturnähe, Vielfalt, Seltenheit und Gefährdung durch einen weiterführenden Auswertungsschritt den *Biotopwert*. Dargestellt wird der Biotopwert anhand einer 9stufigen Skala, wobei 1 der niedrigste und 9 der höchste Biotopwert ist. (AFL 1996)

Die Vermischung der Einzelkriterien, insbesondere der Naturnähe und Vielfalt ist nicht unproblematisch. Auf den ersten Blick bietet die Darstellung des Biotopwerts eine übersichtliche, da zusammenfassende Biotop- und Naturschutzsituation in Wäldern. Die Einzelkriterien sind aber voneinander unabhängig, d.h. sie stehen nicht in unmittelbarer Beziehung zueinander. Daraus ergeben sich Nachteile wie eine mögliche Unschärfe, die durch das Problem der Gewichtung zwischen den einzelnen Kriterien entsteht.

(AFL 1996 u. WALDENSPUHL 1991)

## 5. Integration der selektiven und flächendeckenden Waldbiotoptypenkartierung in andere Planungen

Eine Integration der selektiven und flächendeckenden Waldbiotoptypenkartierung in die Forsteinrichtung, stellt einen wesentlichen Beitrag für die Berücksichtigung der Naturschutzbelange im Forstbetrieb dar. Die Ergebnisse der Waldbiotoptypenkartierungsverfahren finden so Eingang in die Forstpraxis und können dort konzeptionell umgesetzt werden. Maßnahmen zu Schutz- und Erholungsfunktionen, Landschaftsrahmenpläne, Schutzgebietsvorschläge, Pflegekonzepte, die Behandlung einzelner wertvoller Biotope und Planungen Dritter (z.B. Straßenbau) lassen sich dadurch genauer analysieren und durchführen.

Eine Einbindung der Waldbiotoptypenkartierungsverfahren in die Naturschutzverwaltung liefert Beiträge zu Schutzgebietskonzepten und schlägt konkrete Schutzgebiete vor. Es werden Daten (als Grundlage) für die Landschaftsplanung, Pflegepläne, Artenschutzprogramme, Artenerfassungsprogramme und Umweltverträglichkeitsprüfungen bereitgestellt.

# Literaturverzeichnis

**Arbeitskreis Forstliche Landespflege (Hrsg.) (1996):** Waldlebensräume in Deutschland. Ein Leitfaden zur Erfassung und Beurteilung von Waldbiotopen. Mit einer Übersicht der natürlichen Waldgesellschaften Deutschlands. Ecomed

**Bundesamt für Naturschutz (Hrsg.) (1995):** Systematik der Biotoptypen- und Nutzungstypenkartierung (Kartieranleitung). Standard-Biotoptypen und Nutzungstypen für die CIR-Luftbild-gestützte Biotoptypen- und Nutzungstypenkartierung für die BRD. Bonn-Bad Godesberg

**Göhringer, S. (1988):** Waldbiotopkartierung Bühl. Biotopbewertung in Wäldern der Rheinaue. In: Mitteilungen der Forstlichen Versuchs- und Forschungsanstalt. Heft 140. Freiburg

**Heinrich, D. und Hergt, M. (1990):** dtv-Atlas zur Ökologie. Tafeln und Texte. München

**Höll, N. und Breunig, T. (Hrsg.) (1995):** Biotopkartierung Baden-Württemberg. Ergebnisse der landesweiten Erhebungen 1981-1989. Karlsruhe

**Knickrehm, B. und Rommel, S. (1994):** Biotoptypenkartierung in der Landschaftsplanung. In: Schriftenreihe des Institutes für Landschaftspflege und Naturschutz am Fachbereich für Landschaftsarchitektur und Umweltentwicklung (Hrsg.). Hannover

**Landesanstalt für Ökologie, Landschaftsentwicklung und Forstplanung NRW (1982):** Biotopkartierung Nordrhein-Westfalen. Methodik und Arbeitsanleitung. Recklinghausen

**Otto, H.J. (1994):** Waldökologie. Stuttgart

**Reidl, K. und Rijpert, J. (1989):** Biotopkartierung NRW. Methodik und Arbeitsanleitung zur Kartierung im besiedelten Bereich. Recklinghausen

**Schirmer, Ch. (1991):** Waldbiotopbewertung Heilbronn. Biotopschutz und Forstwirtschaft im kollinen Neckarland. In: Mitteilungen der Forstlichen Versuchs- und Forschungsanstalt. Heft 164. Freiburg

**Schultz, J. (1995):** Die Ökozonen der Erde. 2.Aufl. Stuttgart

**Umweltbundesamt (Hrsg.) (1987):** Biotopkartierung. Stand und Empfehlungen. Wien

**Volk, H. und Haas, T. (1990):** Waldbiotopkartierung und Waldbiotopbewertung. Allgemeine Grundlagen und Ergebnisse. In: Mitteilungen der Forstlichen Versuchs- und Forschungsanstalt. Heft 153. Freiburg

**Waldenspuhl, T.K. (1991):** Waldbiotopkartierungsverfahren in der Bundesrepublik Deutschland. Verfahrensvergleich unter besonderer Berücksichtigung der bei der Beurteilung des Naturschutzwertes verwendeten Indikatoren. In: Schriftenreihe des Instituts für Landespflege der Universität Freiburg (Hrsg.), Heft 17. Freiburg

**Weiterführende Literatur:**

**Bauer, H.J.** (1975): Kartierung ökologisch wertvoller Gebiete im Biotopsicherungsprogramm NRW. In: Mitteilungen der Landesanstalt für Ökologische Landschaftsentwicklung und Forstplanung NRW (LÖLF). 3.Jg., Heft3

**Bierhals, E.** (1988): CIR-Luftbilder für die flächendeckende Biotopkartierung. In: Informationsdienst Naturschutz Niedersachsen. 8.Jg., Nr.5, Hannover

**Gieselher, K.** (1983): Biotopkartierung-Wissenschaft und Alibi. In: ABN (Hrsg.): Naturschutz und Landschaftspflege zwischen Erhalten und Gestalten. Jahrbuch für Naturschutz und Landschaftspflege, Heft 33

# BEI GRIN MACHT SICH IHR
# WISSEN BEZAHLT

- Wir veröffentlichen Ihre Hausarbeit,
  Bachelor- und Masterarbeit

- Ihr eigenes eBook und Buch -
  weltweit in allen wichtigen Shops

- Verdienen Sie an jedem Verkauf

## Jetzt bei www.GRIN.com hochladen
## und kostenlos publizieren